FORSCHUNGSBERICHTE DES LANDES NORDRHEIN-WESTFALEN

Nr. 2109

Herausgegeben im Auftrage des Ministerpräsidenten Heinz Kühn
vom Minister für Wissenschaft und Forschung Johannes Rau

*Heinrich Siepmann, Herwig Schenk*

*Institut für Gießereikunde der Technischen Universität Berlin*

# Untersuchungen über Bindungs- und Härtungsvorgänge in Formstoffmischungen hoher Fließbarkeit

WESTDEUTSCHER VERLAG · OPLADEN 1971

ISBN 978-3-531-02109-6      ISBN 978-3-322-88233-2 (eBook)
DOI 10.1007/978-3-322-88233-2



Gesamtherstellung: Westdeutscher Verlag ·

# Inhalt

# 1. Einleitung

Bindungs- und Härtungsvorgänge in Formstoffen werden vorwiegend durch Reaktionen in den Grenzflächen der beteiligten Komponenten bestimmt. Die große Zahl derartiger Komponenten und die Vielfalt der daraus resultierenden Formstoffkombinationen erfordert nicht nur eine gruppenweise Gliederung nach stofflichen Gesichtspunkten oder technologischen Eigenschaften, sondern eine Einteilung nach den wesentlichen Grenzflächenreaktionen, damit Zusammenhänge oder Verschiedenheiten erkennbar werden.

Da noch keine befriedigende Systematik existiert, die dieser Prämisse entspricht, bestand die hier gestellte Aufgabe zunächst darin, durch sorgfältige Auswertung der Literatur über Grenzflächenvorgänge, auch solcher, die nicht dem Fachgebiet der Gießereitechnik angehört, eine Übersicht zu gewinnen, die Ansatzpunkte für eine weitere Erforschung bietet.

Es sollte insbesondere geklärt werden, wie der Stand der Kenntnisse über Grenzflächenvorgänge ist, welche physikalischen Vorstellungen über Bindemechanismen bestehen, welche Anregungen der Rheologie von Klebstoffen entnommen werden können und welche Beobachtungsmöglichkeiten im mikroskopischen und submikroskopischen Bereich einsetzbar sind.

Die Durchsicht diesbezüglicher Veröffentlichungen [1–27] ergab, daß die Kenntnisse über Grenzflächenvorgänge unter realen Verhältnissen nur der Abschätzung dienen können, und daß die physikalischen Modellvorstellungen über Bindungen nicht ausreichen, um ein allgemein gültiges Schema der Bindevorgänge zu entwickeln.

Grundlegende Aufschlüsse über den Zusammenhang zwischen Schergefälle und dem Verhalten von Flüssigkeiten und damit die Abhängigkeit von der Viskosität und der Wirkzeit einer Kraft vermittelt die Rheologie [2, 23, 24]. Dabei ist aber nicht zu übersehen, daß die Verhältnisse in dünnen Schichten, wie sie beispielsweise aus dem Bereich der Klebetechnologie bekannt sind, keineswegs als allgemeingültig für beliebige Abweichungsfälle vorausgesetzt werden können. So ist bekannt, daß Wasser in Grenzflächenbereichen Eigenschaften aufweist, die von seinem sonstigen Verhalten stark abweichen.

Nach eingehender Prüfung der direkten Beobachtungsmöglichkeiten stellte sich heraus, daß röntgenographische, holographische, elektronenoptische und lichtmikroskopische Verfahren vielfach problematisch, unzureichend, zu aufwendig oder einfach nicht verfügbar sind. Für experimentelle Untersuchungen kommt infolgedessen nur eine indirekte Meß- und Beobachtungsmethode, die eventuell durch eins der genannten Verfahren ergänzt werden könnte, in Betracht.

Nach Newton ist die Schubspannung $\tau$ in einer idealen Flüssigkeit gleich dem Produkt aus Viskosität und Schergefälle

$$\tau = \eta \, \frac{dv}{dx}\,; \qquad D = \text{Schergefälle}$$

$$\tau = \eta D\,; \qquad \eta = \text{Viskosität}$$

Demzufolge ist die Kraft, welche die Schubspannung $\tau$ bei konstantem Schergefälle bewirkt, der Viskosität proportional. Auch bei Abweichungen von der Newtonschen

Beziehung besteht ein Zusammenhang zwischen der Scherkraft und der Zeit, wie die
Beziehungen von BINGHAM [1] und DE WAELE–BINGHAM [2] zeigen:

$$D = \frac{\tau - f}{\eta}; \qquad (1)$$

$$D = \frac{(\tau - f)^n}{\eta}; \qquad (2)$$

Durch geeignete Kraftmessung müssen somit Änderungen im rheologischen Verhalten,
wie z. B. durch Einfluß von Oberflächenkräften, verfolgt werden können. Das Ober-
flächenverhalten ist eine Folgeerscheinung der Vorgänge im molekularen Bereich [22].
Daher muß ein indirektes Meßverfahren benutzt werden, um Aussagen über diesen
einer direkten Beobachtung nicht zugänglichen Bereich zu erhalten.


# 2. Versuchsdurchführung


## 2.1. Mischwiderstandsmeßapparatur

Zur Messung einer Kraft ist ein kontinuierlich aufrechterhaltenes Schergefälle günstig,
das bei heterogenen Gemischen, wie sie Formstoffe darstellen, außerdem die Gleichgewichtseinstellung begünstigt. Diese Forderungen werden von einem Zwangsmisch-
gerät mit Rotationsbewegung erfüllt.
Den in der Mischanordnung auftretenden Mischwiderständen sind die in den Antriebs-
teilen auftretenden Drehmomente äquivalent. Sie bewirken in der metallischen Antriebs-
welle ihren Werten proportionale elastische Verformungen und können dadurch mittels
Dehnungsmeßstreifen als Meßgröße für den Mischwiderstand erfaßt werden. Dieses
Verfahren garantiert neben hoher Genauigkeit eine große Empfindlichkeitsbreite.
Ein nach diesen Gesichtspunkten konstruierter Apparat, der im Prinzip aus einem
Mischgefäß und einem Quirl mit korrespondierenden Schlagstäben besteht, und der die
Dehnungsmeßstreifen auf der Antriebswelle trägt, bewährte sich bei voraufgegangenen
Untersuchungen über das Fließverhalten von Fließsandmischungen [27]. Er eignete sich
ausgezeichnet zur genauen und empfindlichen Konsistenzbestimmung. Es wurde auch
festgestellt, daß der zeitliche Abbindeverlauf in Formstoffmischungen über den Misch-
widerstand verfolgt werden kann, was eine gleichzeitige Temperaturkontrolle bestätigte.
Diese Meßanordnung genügte allerdings noch nicht den Anforderungen der neuen
Aufgabenstellung, so daß sie unter laufender experimenteller Kontrolle auf optimale
Verwendbarkeit hin umgestaltet wurde. Es sollten möglichst viele Stoffe mit verschiedenen Eigenschaften bei jeweils angepaßtem Meßbereich gleichermaßen gut untersucht
werden können. Gleichzeitig sollte die Handhabung zum Zwecke eines schnellen,
leichten Mischungswechsels möglichst einfach sein. Unter diesen Gesichtspunkten er-
wies sich schließlich eine Versuchseinrichtung als geeignet, bei der das Mischgefäß auf
einer Welle mit Dehnungsmeßstreifen steht. Das Drehmoment wird dabei wiederum
von einem Quirl über das Mischgut auf das Gefäß übertragen. Im Mischgefäß befinden
sich versetzt vier senkrechte Schlagstifte, zwischen denen die Stäbe des Quirls hindurch-
gehen. Der Rührer kann auf Grund dieser neuen Anordnung nun auch während des

6

Betriebes ein- und ausgefahren werden. Das Gefäß rastet mit zwei am Boden befestigten Stiften in entsprechenden Löchern der oberen Abschlußplatte der Meßwelle (Abb. 1) ein. Für Sand–Flüssigbinder-Mischungen liegt die günstigste Füllmenge bei ca. 1 kp, für Flüssigkeiten bei 900 ml. Der Rührer dreht sich mit 75 [U/min]. Die mittels Dehnungsmeßstreifen abgenommenen Drehmomentänderungen werden als elektrische Meßgrößen über eine Verstärkermeßbrücke einem Kompensationslinienschreiber zur Aufzeichnung zugeführt. Die Brücke erlaubt es, verschiedene Verstärkungsfaktoren im Bereich zwischen 0–200 zu wählen. Die am häufigsten verwendete zehnfache Verstärkung ergibt bei einer Schreiberbreite von 100 Skalenteilen eine Empfindlichkeit von 343,5 [pcm/Skt.].

Zahlreiche Voruntersuchungen mit Kohlehydratbinder–Sand- und Ölbinder–Sand-Gemischen bestätigten, daß die umgebaute Versuchseinrichtung den angestrebten Zielen weitgehend entspricht.

Zu erwähnen bleibt, daß das Gerät in den meisten Fällen nicht in der Lage ist, die Komponenten über die ganze Höhe homogen zu durchmischen, so daß anfangs keine reproduzierbaren Gleichgewichtswerte zu erzielen waren. Erst nach Änderung der bisher üblichen Arbeitsweise einer stufenweisen Zugabe des Binders zu einer Sandeinwaage zugunsten einer jeweils neuen Gesamteinwaage und der Homogenisierung der Mischung nach der ersten Gleichgewichtseinstellung außerhalb des Gefäßes konnte die Reproduzierbarkeit der Mischwiderstandswerte erreicht werden.

Um zu erfahren, ob und wieweit Entmischungserscheinungen auftreten, erfolgte eine Prüfung der Kornverteilung über die Höhe des Sandvolumens. In den Tab. 1 und 2 sind die Werte aufgeführt, die sich für den reinen Sand F 32 und für ein Sand–Wasserglas-Gemisch nach Einstellung des Gleichgewichtszustandes ergaben. Aus ihnen folgt, daß der reine Sand eine Zunahme der Feinanteile von der Oberfläche zum Gefäßboden aufweist. Eine geringe Volumenabnahme der Schüttung um ca. 6% deutet darauf hin, daß im Verlauf des Rührvorganges auch die Packungsdichte der Sandkörner zunimmt. Dieses Verhalten zeigt die Wasserglasmischung nicht. Die Massenprozentwerte der einzelnen Siebanteile differieren innerhalb der Meßgenauigkeit. Lediglich die Werte für die Randschicht zeigen größere Abweichungen. Da aber die Beschaffenheit der Randschicht in allen Fällen gleich ist, nimmt diese Erscheinung keinen unkontrollierbaren Einfluß auf die Meßwerte.

Durch das Zusammenwirken der versetzt angeordneten Schlagstifte schwanken die Drehmomentwerte je nach Konsistenzbedingungen mehr oder minder gleichmäßig mit der doppelten Frequenz der Quirldrehzahl. Aus diesem Grunde ist der Mischwider-

*Tab. 1   Entmischungsprüfung mittels Siebanalyse*

| Maschenweite<br>[mm] | Oberste Schicht<br>(ca. 2 cm)<br>[%] | Mitte<br>[%] | Bodenschicht<br>(ca. 2 cm)<br>[%] |
|---|---|---|---|
| 1 | 0 | 0 | 0 |
| 0,63 | 0 | 0 | 0 |
| 0,4 | 1,75 | 0,9 | 0,9 |
| 0,315 | 4,72 | 4,4 | 4,1 |
| 0,16 | 86,9 | 86,2 | 82,5 |
| 0,125 | 6,95 | 7,7 | 10,7 |
| 0,1 | 0,37 | 0,4 | 1,3 |
| 0,08 | 0,04 | 0 | 0,4 |
| 0,063 | 0 | 0 | 0,1 |

*Tab. 2   Entmischungsprüfung mittels Siebanalyse*

| Maschenweite | Oberste Schicht (ca. 2 cm) | Mitte | Boden- schicht | Randschicht | Anlieferungs- zustand |
| --- | --- | --- | --- | --- | --- |
| [mm] | [%] | [%] | [%] | [%] | [%] |
| 1 | 0 | 0 | 0 | 0 | 0 |
| 0,63 | 0 | 0 | 0 | 0 | 0 |
| 0,4 | 1,6 | 2,0 | 1,6 | 1,2 | 1,6 |
| 0,315 | 6,6 | 6,0 | 6,2 | 3,9 | 6,6 |
| 0,2 | 49,8 | 36,0 | 48,0 | 32,0 | 46,9 |
|  | 76,2 | 73,2 | 75,6 |  |  |
| 0,16 | 26,4 | 37,2 | 27,6 | 38,6 | 26,9 |
| 0,125 | 12,8 | 14,0 | 13,8 | 19,2 | 14,6 |
| 0,10 | 2,2 | 2,0 | 2,0 | 3,8 | 2,5 |
| 0,080 | 0,4 | 0,6 | 0,6 | 1,0 | 0,7 |
| 0,063 | 0 | 0 | 0 | 0 | 0,2 |

standswert jeweils das arithmetische Mittel aus einer größeren Anzahl von Ausschlägen. Die Fehlerrechnung unter Berücksichtigung des Ablesefehlers und der Geräteungenauigkeiten ergab einen maximalen relativen Gesamtfehler von $\pm 1,2\%$, entsprechend $\pm 1,2$ Skalenteilen bei zehnfacher Verstärkung.

Aus früheren Untersuchungen und den Vorversuchen zu dieser Arbeit war bekannt, daß der Mischwiderstand in Abhängigkeit von der Binderzugabe ein absolutes Maximum durchlaufen muß, bevor die Werte sich bei weiterer Binderzugabe asymptotisch denen der Binderflüssigkeit nähern. Da in diesem Bereich die Grenzflächenvorgänge infolge der Übersättigung an Flüssigkeit bereits überdeckt werden, lohnt es nicht, das Konsistenzverhalten des Sandes mit den einzelnen Bindern weit über das Maximum hinaus zu verfolgen. Da das Gerät sich dazu eignet, die Konsistenz relativ heterogener Stoffe zu bewerten, liegt der Gedanke nahe, es auch vergleichsweise als Viskosimeter für homogene Flüssigkeiten zu verwenden. Messungen mit drei verschiedenen Ölen, die den Newtonschen Bedingungen genügen, zeigen eine lineare Abhängigkeit des Mischwiderstandes von der Viskosität (Abb. 2). Kernöle, die bei den gegebenen Schergeschwindigkeiten eventuell schon vom idealen Verhalten abweichen, entsprechen diesem Zusammenhang nicht ganz, bestätigen aber die Tendenz.

## 2.2. Untersuchte Substanzen

Die gießereiüblichen Flüssigbinder sind im VDG-Merkblatt R 100 aufgeführt. Die dort getroffene Einteilung beruht vorwiegend auf ihrem stofflichen Aufbau. In dieser Einteilung lassen sich organische und anorganische Flüssigbinder unterscheiden. Während als anorganische Flüssigkeit nur das wasserlösliche Wasserglas in Frage kommt, liegen drei organische Bindergruppen vor, von denen die Öle und die Harze als hydrophob und die Kohlehydratbinder als hydrophil anzusehen sind. Von diesen Merkmalen wurde bei der Auswahl der zu untersuchenden Binder ausgegangen. Als organischer hydrophiler Vertreter wurde eine Lösung von Dextrose und anderen höheren Zuckern mit 40 Gew.-% Wasser und einem spezifischen Gewicht von 1,39 [p/cm³], als hydrophober Binder ein Kernöl ausgewählt. Das Kernöl sollte dickflüssig sein, um bei den vorgesehenen Versuchen noch einen möglichst großen Verdünnungsspielraum zu belassen. Dadurch mußte allerdings eine gewisse Uneinheitlichkeit in der Zusammensetzung in Kauf ge-

8

nommen werden. Das Kernöl bestand hauptsächlich aus Sulfatpech, einer Mischung aus 30–60% Harzsäuren und 60–30% langkettiger Fettsäuren. Als mittleres Molekulargewicht kann laut Auskunft des Herstellers ein Wert von 280–300 zugrunde gelegt werden. Dem Verhalten organischer Binder sollte das anorganischer gegenübergestellt werden. Hier bot sich nur Wasserglas an, das als hydrophil anzusprechen ist. Die Silikatlösung enthielt 34 Gew.-% Wasser und hatte einen Modul von 2,07 und eine Dichte von 0,971 [g/cm³].

Für die Auswahl des Sandes waren Reinheit, Gleichmäßigkeit und schmales Kornspektrum maßgebend. Die Wahl fiel deshalb auf den gewaschenen und klassierten Quarzsand F 32.

Neben den Anlieferungszuständen der Verbindungen interessieren auch sinnvolle Verdünnungen, da erwartet werden muß, daß stufenweise Verdünnung das rheologische Verhalten in einem Ausmaß beeinflußt, das es gestattet, Veränderungen zu verfolgen. Für die beiden hydrophilen Binder eignet sich Wasser als Lösungsmittel. Das Kernöl löst sich in Benzin und Leinöl. In Tab. 3 sind die einzelnen untersuchten Binderzusammensetzungen aufgeführt.

*Tab. 3   Zusammensetzung der untersuchten Mischungen*

| Nr. | Kohlehydratbinder (Abb. 4) | Ölbinder (Abb. 5) | Ölbinder (Abb. 6) | Wasserglas (M = 2,07) (Abb. 7) |
|---|---|---|---|---|
| 1 | 39,4 Gew.-% Wasser | Anlieferungszustand | Anlieferungszustand | 34   Gew.-% Wasser |
| 2 | 45   Gew.-% Wasser | 19,2 Gew.-% Leinöl | 9,6 Gew.-% Benzin | 40   Gew.-% Wasser |
| 3 | 56,7 Gew.-% Wasser | 31,1 Gew.-% Leinöl | 15,7 Gew.-% Benzin | 50,5 Gew.-% Wasser |
| 4 | 64,4 Gew.-% Wasser | 48,6 Gew.-% Leinöl | 27,2 Gew.-% Benzin | 67   Gew.-% Wasser |
| 5 | (45   Gew.-% Wasser, Sand 0,2/03) | 100% Leinöl | | 100% Wasser |

## 2.3. Festigkeits- und Klebrigkeitsmessungen

Parallel zu diesen Versuchen wurden von den Sandmischungen die Grünstandfestigkeit an der dreifach verdichteten Normprobe nach DIN 52401 und die Endbiegefestigkeit gemessen, um die Möglichkeit eines Bezugs zu herkömmlichen Prüfverfahren zu haben.

Um weitere Beurteilungsmöglichkeiten für das rheologische Verhalten der Binder zu schaffen, wurde vorgesehen, neben den beschriebenen Viskositätsmessungen auch die Klebrigkeit zu erfassen. Für die Klebrigkeitsmessung wurde ein dynamisches Verfahren entwickelt. Zwischen zwei Axialkugellagerringen, von denen der untere wie das Mischwiderstandsgefäß auf der Meßwelle ruht und der obere kardanisch mit einer senkrechten Antriebswelle verbunden ist, rollen sich berührende Kugeln (Abb. 3). Während des Betriebes laufen jeweils 10 ml des Klebers bzw. Binders in die untere Kugelbahn und verteilen sich gleichmäßig über die Kugel- und Rillenoberflächen. Der Widerstand, den die in den Rillen und aneinander klebenden Kugeln der Drehbewegung entgegensetzen, wird als Maß für die Klebrigkeit in Form einer Drehmomentengröße aufgezeichnet.

# 3. Ergebnisse

Die Auswertung der Meßdaten kann, im Hinblick auf die Erfassung von Grenzflächen-
vorgängen, nur dann sinnvoll sein, wenn sie auf die Binderbelegung der Sandkornober-
flächen bezogen werden kann. Die Ermittlung der Schichtdicke des Binders setzt die
Kenntnis der spezifischen Oberfläche des Sandes voraus. Eine Berechnung der Oberfläche ist unter Zuhilfenahme entsprechender Unterlagen [29] bei Annahme runder
Körner und unter Verwendung der Siebanalyse möglich. Es ergibt sich dann ein Wert
von 11,64 [m²/kp]. Er stimmt gut mit einer Literaturangabe [27] überein, deren Ergebnis
mit Hilfe von Nomogrammen zustande kam [30]. Da die vorliegenden Körner kanten-
gerundet bis kantig sind und daher eine größere Oberfläche besitzen, ist das Ergebnis
mit dem Eckigkeitsgrad $E = O_{\text{wirklich}}/O_{\text{theoretisch}} = 1,5$ zu multiplizieren.
Man erhält dann für den verwendeten Sand die spezifische Oberfläche von 17,5 [m²/kp],
die als Grundlage für die Berechnung der durchschnittlichen Schichtdicke dient. Zuvor
müssen allerdings jeweils die Volumina der zugesetzten Binder rechnerisch oder gra-
phisch aus den spezifischen Volumina der Einzelkomponenten bestimmt werden.
Die Konsistenzmessungen an den in Tab. 3 aufgeführten Sand–Binder-Mischungen mit
den jeweiligen Verdünnungen ergaben vier charakteristische Kurvenscharen, die in den
Abb. 4, 5, 6 und 7 dargestellt sind. Ebenfalls in diesen Abbildungen sind die Werte für
die Gründruckfestigkeit und die Endbiegefestigkeit der Formstoffe über dem Binder-
gehalt in [g/1000 g Sand] aufgetragen und damit den Konsistenzkurven zugeordnet.
Betrachtet man die Mischwiderstandsverläufe der Kohlehydrat–Wasser-Lösungen in
Abb. 4a, so fällt auf, daß ein linearer Anfangsanstieg, ein Bereich beträchtlicher
Schwankungen und ein Maximum zu unterscheiden sind. Die Abweichungen im
linearen Anstieg beginnen, wie aus den Werten in Tab. 4 hervorgeht, oberhalb einer
mittleren Binderschichtdicke auf den Sandkörnern von ca. 2,5 [µm]. Weiterhin ist bemerkenswert, daß die Mischung 2, die mehr Wasser enthält als Mischung 1, in ihren
Eigenschaften dieser sehr ähnlich ist, während die Mischungen 3 und 4, von einem an-
fänglichen gleichförmigen Verlauf abgesehen, gar nicht mehr die Maxima erreichen, die
denen der Zusammensetzung von 1 und 2 entsprächen. Sie beginnen vielmehr an
einem Punkt, bei dem bei geringeren Wassergehalten die dritte Abstufung liegt, bereits
zu schäumen. Die schraffierten Felder kennzeichnen die Streubereiche für die Mischwiderstandswerte im Falle des Schäumens.
Weniger auffallend sind die Effekte beim Kernöl (Abb. 5 und 6). Im Anlieferungszu-
stand eingesetzt, erhöht der Binder die Zähigkeit des Sandes stetig, wie der glatte
Kurvenzug zeigt. Die Verdünnungen mit Leinöl und Benzin weisen im Bereich von 3
bis 4 [µm] Abweichungen vom stetigen Mischwiderstandsanstieg auf.
Die Kurven des Wasserglases zeigen erhebliche Abweichungen von denen der drei
organischen Binder. Jedoch verdeutlicht der Schichtdickenvergleich (Tab. 4) daß Ähn-
lichkeiten im Auftreten der Abflachungen von Mischungen 3 und 4 mit denen der
Linien 1 und 2 des Kohlehydratbinders bestehen. Eine Schaumbildung war trotz hoher
Binderzusätze und starker Verdünnung nicht zu beobachten.
Ein Vergleich der Mischwiderstände mit den zugeordneten Gründruckfestigkeiten und
Endbiegefestigkeiten läßt auf den ersten Blick kaum Zusammenhänge erkennen. Von
besonderem Interesse wäre eine eindeutige Beziehung zwischen Mischwiderstand und
Endfestigkeit. Ein besseres Bild wird durch die genauere Betrachtung einer tabella-
rischen Übersicht gewonnen. Wesentlich dabei ist, ob aus den teilweise beachtlichen
Streuungen der Festigkeitswerte unter kritischer Betrachtung noch deutliche Effekte
abzuleiten sind. Eine Schwierigkeit, die in besonderem Maße beim Kohlehydratbinder

| Besonderheit | Bindermenge [g] | Schichtdicke [μm] | Kurve Nr. |
|---|---|---|---|
| *Kohlehydratbinder* | | | |
| Anlieferungszustand: | | | |
| Abflachung | 100–135 | 4–5,4 | |
| 1. Maximum | 142 | 5,7 | |
| 1. Minimum | 150 | 6 | |
| 2. Maximum | 170 | 6,8 | 1 |
| 2. Minimum | 193 | 7,6 | |
| 3. Maximum | 265 | 10,6 | |
| + 9,1 Gew.-% Wasser | | | |
| 1. Abflachung | 60– 70 | 2,6–3 | |
| 2. Abflachung | 80–100 | 3,4–4,3 | |
| 3. Abflachung | 115–145 | 4,9–6,2 | 2 |
| Maximum | 230 | 9,8 | |
| MK = 0,25 mm + 9,1 Gew.-% Wasser | | | |
| Abflachung vor | | | |
| Maximum | 85–110 | 4,4–5,7 | |
| Wendepunkt | 65 | 3,4 | 5 |
| Maximum | 200 | 10,3 | |
| + 28,6 Gew.-% Wasser | | | |
| 1. Wendepunkt | 63 | 2,8 | |
| Maximum | 105 | 5,0 | 3,3′, 3″ |
| + 41,2 Gew.-% Wasser | | | |
| 1. Wendepunkt | 63 | 2,8 | |
| Maximum | 100 | 4,8 | 4,4′, 4″ |
| *Kernöl* | | | |
| Anlieferungszustand: | | | |
| Unstetigkeit | 75 | 4,4 | 1 |
| Maximum | 180 | 10,6 | |
| + 19,2 Gew.-% Leinöl | | | |
| 1. Unstetigkeit | 55 | 3,3 | |
| 2. Unstetigkeit | 125 | 7,5 | 2 |
| Maximum | 150 | 9,0 | |
| + 31,1 Gew.-% Leinöl | | | |
| Wendepunkt | 57 | 3,5 | |
| Umschlag (Maximum) | 105 | 6,4 | 3 |
| Abflachung | 120–130 | 7,3–7,9 | |

*Tab. 4* (Fortsetzung)

| Besonderheit | Bindermenge [g] | Schichtdicke [μm] | Kurve Nr. |
|---|---|---|---|
| **+ 48,6 Gew.-% Leinöl** | | | |
| Wendepunkt | 48 | 3 | |
| Umschlag (Maximum) | 87 | 5,3 | 4 |
| Abflachung | 100–110 | 6,1–7,3 | |
| **Leinöl** | | | |
| Wendepunkt | 65 | 4,1 | 5 |
| Maximum | 140 | 8,8 | |
| **+ 9,6 Gew.-% Benzin** | | | |
| Wendepunkt | 65 | 3,9 | 2 |
| Maximum | 140 | 8,5 | |
| **+ 17,6 Gew.-% Benzin** | | | |
| Wendepunkt | 55 | 3,4 | 3 |
| Maximum | 110 | 6,9 | |
| **+ 27,2 Gew.-% Benzin** | | | |
| Wendepunkt | 51 | 3,3 | 4 |

*Wasserglas* M = 2,07

| | Bindermenge [g] | Schichtdicke [μm] | Kurve Nr. |
|---|---|---|---|
| **Anlieferungszustand:** | | | |
| Unstetigkeit | 53 | 1,8 | 1 |
| Maximum | 240 | 8 | |
| **+ 9,1 Gew.-% Wasser** | | | |
| Unstetigkeit | 109 | 2,9 | 2 |
| Maximum | 360 | 12,9 | |
| **+ 25 Gew.-% Wasser** | | | |
| 1. Abflachung | 50– 70 | 2–2,8 | |
| 2. Abflachung | 90–120 | 3,5–4,6 | 3 |
| 3. Abflachung | 130–160 | 5,1–6,2 | |
| **+ 50 Gew.-% Wasser** | | | |
| 1. Abflachung | 60– 80 | 2,8–3,7 | |
| 2. Abflachung | 100–120 | 4,6–5,5 | 4 |
| Maximum | 140 | 6,4 | |
| **Wasser** | | | |
| 1. Wendepunkt | 115 | 6,5 | |
| 1. Abflachung | 120–150 | 6,8–8,5 | 5 |
| 2. Abflachung | 160–220 | 9,1–12,5 | |
| Maximum | 245 | 14 | |

| Mischung | | Maximum der Endbiegefestigkeit bei x [g] | Merkmal der Mischwiderstandskurve |
|---|---|---|---|
| Ölbinder | 1 | 50 | – |
| und Leinöl | 2 | 45 | Unstetigkeit |
| | 3 | 50–55 | Wendepunkt |
| | 4 | 55–60 | Wendepunkt |
| | 5 | 35 | Unstetigkeit |
| Ölbinder | 2 | 60 | Wendepunkt |
| und Benzin | 3 | 70 | Wendepunkt |
| | 4 | 70–75 | Wendepunkt |
| Kohlehydratbinder | 1 | 140 | 1. Maximum |
| | 2 | 80 (1. Maximum) | 2. Abflachung |
| | | 120 (2. Maximum) | 3. Abflachung |
| | | 140 (2. Minimum) | |

auftritt. Tab. 5 enthält die Ergebnisse einer solchen Auswertung. Auffallend ist, daß der Endfestigkeitshöchstwert der Ölmischungen in fünf von acht Fällen mit einem Wendepunkt und in zwei weiteren mit einer Unregelmäßigkeit im Verlauf der Mischwiderstandskurve übereinstimmt. Im Falle der Dextrinlösung besteht eine auffallende Deckung der exponierten Biegefestigkeitswerte mit den Stufen der Mischwiderstandskurven. Ein weiterer Zusammenhang zwischen Grün- und Endzustand deutet sich in Abb. 8 an, in dem die Maxima der Endbiegefestigkeiten der Ölbindermischungen mit Leinöl und Benzin als Lösungsmittel über dem Grad der Verdünnung aufgetragen sind. Benzinlösungen tendieren zu abnehmenden Festigkeitswerten, während der Zusatz von Leinöl eine steigende Tendenz bewirkt.

Die Ergebnisse der Klebrigkeitsmessung und der Viskositätsmessung wurden in Abhängigkeit von der Verdünnung aufgetragen (Abb. 9). Zwischen 0 und 20 Vol.-% Lösungsmittelzusatz nimmt die Viskosität der Kleber sehr stark, darüber hinaus schwächer ab. Dieser starke Verdünnungseffekt ist bereits aus der Schmiertechnik bekannt, wo er besonders bei der Schmierung herkömmlicher Verbrennungsmotoren Schwierigkeiten bereitet [28]. Bemerkenswert ist die Übereinstimmung der Kurvenverläufe für Klebrigkeit und Viskosität. Sie wird verständlich, wenn man bedenkt, daß jede Klebrigkeitsmessung eine Viskositätsmessung unter bestimmten Umständen ist [6]. Ähnliche Kurvenverläufe wären zu erhalten, wenn man die Maxima der Mischwiderstände über der Verdünnung auftragen könnte. Leider liegen hierfür noch zu wenige Werte vor. Dennoch weisen sie auf die Richtigkeit der angestellten Überlegungen über das rheologische Verhalten und der daraus entwickelten Vorstellungen über die Möglichkeiten, dieses Verhalten mittels der beschriebenen Meßanordnung verfolgen zu können, hin.

# 4. Deutung der Ergebnisse

Angesichts der Mischwiderstandskurven, die als wichtigster und augenfälligster Teil der Ergebnisse anzusprechen sind, stellt sich die Frage nach den Gründen für ihren unterschiedlichen Verlauf.

Es ist anzunehmen, daß nicht nur molekulare und Oberflächenkräfte das Konsistenzverhalten bestimmen, sondern auch die Beschaffenheit des Sandes, dessen Kornverteilung für die dem Binder angebotene Oberfläche und für die Anzahl der Berührungsstellen verantwortlich ist. Es lag daher nahe, zu prüfen, ob die erzielten Effekte nicht nur durch die verschiedene Körnung des Sandes hervorgerufen werden. Zu diesem Zwecke wurde aus dem vorliegenden normalen Kernsand F 32 die Fraktion von 0,2 bis 0,3 mm Maschenweite abgetrennt, um mit diesem Sand, der nun ein vergleichsweise engeres Kornspektrum aufweist, die Mischwiderstandskurve mit der 55%igen Dextrinlösung entsprechend Kurve 2 in Abb. 4 nachzufahren. Dabei war folgendes Resultat zu verzeichnen: Die Mischwiderstandskurve 5 in Abb. 4 zeigt mit geringer Abschwächung der Abstufung den gleichen Verlauf wie 2, nur daß sie gegenüber dieser nach links verschoben ist. Die spezifische Oberfläche der Fraktion 0,2 bis 0,3 mm beträgt 14,4 $[m^2/kp]$, ist also um 17,6% kleiner als die des normalen Sandes. Errechnet man mit dieser Oberfläche analog zu 2 die Binderschichtdicken an markanten Stellen der Linie 5, dann decken sich die Werte genau mit denen von 2, womit die Verschiebung zu geringeren Bindergehalten hinreichend erklärt ist. Die Annahme, daß die Effekte nur auf der unterschiedlichen Sandkörnung beruhen könnten, ist damit unbegründet. Was deren Abschwächung anbelangt, so dürfte sie mit der geringeren Zahl der Berührungsstellen im einheitlicheren und gröberen Kornmaterial zu erklären sein.

Wird weiterhin berücksichtigt, daß die mittleren Korngrößen des angelieferten Sandes mit 0,21 [mm] und die der ausgesiebten Fraktion mit 0,25 [mm] um ca. 2 Zehnerpotenzen größer sind als die Binderschichtdicke in den interessierenden Bereichen, und daß der einbeschriebene Kreis zwischen drei gleich großen sich berührenden 0,2 mm dicken Kugeln einen Durchmesser von 30 $[\mu m]$ hat, dann wird verständlich, warum das Maximum der Kurven bei einer Schichtdicke von ca. 10 $[\mu m]$ liegt. Summiert man nämlich die Schichtdicken auf den drei Körnern und berücksichtigt eine gewisse Wirkung der Oberflächenenergie, dann ist zu erkennen, daß in diesem Schichtdickenbereich eine Auffüllung der Zwischenräume vorliegt. Daraus ist abzuleiten, daß alle Mischwiderstandsänderungen bei geringeren Schichtdicken durch Binderbrücken übertragen werden und daher eine Folge der Vorgänge in den Grenzflächenschichten sein müssen. Darauf deutet auch das unterschiedliche Verhalten der jeweiligen Binder hin. Die Vorgänge im einzelnen konnten noch nicht eindeutig geklärt werden. Es handelt sich aber mit großer Wahrscheinlichkeit um ein Zusammenwirken von molekularen Kräften und Grenzflächenenergie. Betrachtet man nämlich den Mischwiderstandsverlauf einer Sand–Wasser-Mischung, so errechnen sich in entsprechenden Bereichen Schichtdicken für das Wasser, in denen der Anteil strukturierten Wassers nach Literaturangaben nur 1 bis 10% beträgt [20, 31–35]. Die Schichten sind außerdem dicker als bei allen anderen Mischungen. Es muß also eine Wirkung sowohl von molekularen Kräften als auch der Oberflächenenergie vorliegen wobei die Oberflächenenergie eine bedeutende Rolle spielt und bei Wasser ca. zwei- bis dreimal so hoch ist wie bei den organischen Bindermischungen. Diese Vorstellung wird unterstützt durch die Tatsache, daß die Oberflächenspannung die Summe der einzelnen zwischenmolekularen Kräfte ist [22]. Bei Wasser setzt sich die Oberflächenspannung aus Dispersions- und Wasserstoffbindungskräften zusammen. Bei den meisten organischen Bindern kann man die

14

anderen Kräfte gegenüber den Dispersionskräften vernachlässigen, so z. B. auch
bei den Ölen. Wie die Verhältnisse bei Dextrin–Wasser-Lösungen genau liegen,
konnte an Hand der bisher vorliegenden Literatur nicht geklärt werden. Da aber
die Vorstellung existiert, daß »im Erscheinungsgebiet der Stärke« [36] Moleküle über
die Wasserstoffbrückenbindung durch Wassermoleküle verknüpft werden, dürften
die Verhältnisse hier ähnlich wie bei Wasser sein. Da überdies bei unterschiedlichem An-
gebot an Wasser und Raum in den wechselnden Schichtdicken Umordnungen denkbar
sind, läßt sich auf diese Weise eine Modellvorstellung zur Deutung der spezifischen
Kurvenverläufe entwickeln. Auch eine Erklärung für das Auftreten von Schaum ist so
zwanglos zu finden. Schaum kann erst von gewissen Grenzschichtdicken an auftreten,
außerdem muß die Oberflächenenergie der wäßrigen Lösung gegen Luft durch grenz-
flächenaktive Stoffe herabgesetzt werden. Im vorliegenden Fall ist das für das Schäumen
des Wassers nötige Netzmittel im Binder zu suchen. Ob die Dextrine selbst diese Rolle
übernehmen, ist aus dem Schrifttum nicht zu entnehmen.

In ähnlicher Weise ist auch das Verhalten der anderen Mischungen zu deuten. Leinöl
muß zwangsläufig die stärkeren Veränderungen an den Grenzflächen bewirken, da es
sich als artverwandt einbauen läßt. Allerdings spielt es nicht die Rolle des Wassers in der
Dextrin- und Silikatlösung, da es nicht wie dort zu einer Art Vernetzung kommt. Benzin
dient offenbar nur als Lösungsmittel, das bestenfalls die Beweglichkeit der Ölmoleküle
fördert. Dieses Verhalten spiegelt sich in Abb. 8 wieder, in dem die Maxima der Endbiegefestigkeit über der Verdünnung aufgetragen sind. Während Leinöl am Abbinde-
prozeß mitwirkt, entweicht Benzin beim Erwärmen.

Für die in Tab. 5 skizzierten Zusammenhänge zwischen Endfestigkeit und Mischwiderstand läßt sich noch keine Erklärung finden, die durch die gewonnenen Kenntnisse oder
durch Literaturangaben gestützt wäre. Lediglich die angedeuteten Parallelitäten im Verhalten hinsichtlich der Festigkeitskriterien im Falle des Kohlehydratbinders ist mit der
Vorstellung zu erklären, daß die Wasserstoffbrückenbindung durch das Entweichen des
Wassers aufgelöst, die Moleküle aber an der gleichen Stelle vernetzt werden.

Da die beschriebenen Untersuchungsergebnisse wegen der angewandten neuentwickel-
ten Meßmethode nicht vollständig durch vorliegende Erfahrungen gedeutet werden
konnten und die Resultate in zeitraubenden Einzelmessungen an ca. 1800 Mischungen
gewonnen und erhärtet werden mußten, war mit den zur Verfügung stehenden Mitteln
die angestrebte Systematisierung der Formstoffe auf der Grundlage von Grenzflächen-
vorgängen noch nicht ganz zu erreichen. Der eingeschlagene Weg scheint aber richtig
zu sein, so daß von einer Weiterführung der Arbeiten, eventuell unter Einsatz von
Oberflächen- und Grenzflächenspannungsmessungen, neue Erkenntnisse zu erwarten
sein dürften.


# 5. Zusammenfassung


Die Untersuchung beruht auf der Prämisse, daß molekulare Wechselwirkungen die
Konsistenz von Sand-Binder-Mischungen bestimmen, und die resultierenden inter-
granularen Bindekräfte mit einer Zwangsmischvorrichtung erfaßbar sind.

Als Maß für die Konsistenz wurde der in der Apparatur auftretende Mischwiderstand
gewählt, der mit hoher Auflösung und Genauigkeit in Form von Drehmomentein-
heiten abgenommen und aufgezeichnet werden konnte.

Zu Vergleichszwecken wurden als weitere Bindercharakteristika die Viskositäten und die Klebrigkeiten der eingesetzten Binderflüssigkeiten und deren Verdünnung gemessen. Um Zusammenhänge zwischen der Aufbereitungskonsistenz und den weiteren Verarbeitungszuständen erkennen zu können, wurden Gründruck- und Endfestigkeiten gemessen. Die Mischwiderstandswerte ergaben als Funktion der zugesetzten Bindermenge Kurvenverläufe, die charakteristische, für wasserlösliche Kohlehydratbinder und Öle jedoch unterschiedliche Merkmale aufweisen. Diese sind in begrenztem Maße dem Gründruck- und Endbiegefestigkeitsverhalten der Sand-Binder-Mischungen zuzuordnen.

Die gemessenen Effekte sind mit großer Sicherheit den Vorgängen im Bereich der sich im Sand-Binder-Luft-System ergebenden Grenzflächen zuzuschreiben.

Zur Erarbeitung neuer Charakteristika für Flüssigbinder sind Mischwiderstandsmessungen, gegebenenfalls unter zusätzlichem Einsatz von Oberflächenspannungsmessungen, als erfolgversprechend anzusehen.

# Literaturverzeichnis


[1] WOLF, K. L., Physik und Chemie der Grenzflächen. Bd. I und II, Springer-Verlag 1957.

[2] DE BRUYNE, N. A., und R. HOUWINK, Adhesion and Adhesives. Elsevier 1951.

[3] HOUWINK, R., und G. SALOMON, Adhesion and Adhesives. I, Elsevier 1965.

[4] BAUMANN, H., Leime und Kontaktkleber, Springer 1967.

[5] PATRICK, R. L., Treatise on adhesion and adhesives. Bd. I, Marcel Dekker, 1967.

[6] BIKERMAN, J. J., The Science of adhesive joints. Academic Press, 1968.

[7] PATTERSON, W., und D. BOENISCH, TWB 13 (1961), S. 157.

[8] KEIL, F., Zement–Kalk–Gips. (1967), Heft 5, S. 301–313.

[9] KÜHL, H., Zementchemie I, Die physikalisch-chemischen Grundlagen der Zementchemie. Verlag Technik, Berlin 1951.

[10] FINKELBURG, W., Einführung in die Atomphysik. Springer-Verlag Berlin, 1962.

[11] SALEM, LIONEL, The J. of Chemical Physics 37 (1962) 9, S. 2100.

[12] HEMBERG, BENGT, Adhäsion – eine Grundkraft. Surface Chem. Proc. second scand. Sympos. Surface Activity, Stockholm, 1964, S. 285–293.

[13] COULSON, C. A., Ducuss. Faraday Soc. 1965, 40, S. 285–290.

[14] LIDSTRÖM, LARS, Surface Chemistry, 1965, S. 42–53, Stockholm.

[15] HELLSTEN, M., Surface Chemistry, 1965, S. 120–125.

[16] KRUPP, H., und G. SPERLING, J. of appl. Physics 37 (1966), S. 4176.

[17] SILFHOUT, A. VAN, Proc. kon. Nederl. Akad. Wetensch. Ser. B 69, (1966), S. 501–515, 516–531, 532–541.

[18] KRUPP, H., 33. Physikertagung, 1968, Karlsruhe, Vorabdruck der Fachberichte.

[19] DERYAGUIN, B. V., Pure appl. Chem. 10, 1965, S. 375–394.

[20] KIHLSTEDT, P. G., Surface Chemistry, 1965, S. 71–77.

[21] SCHÄFER, K., Dechema-Monographien, Haftsysteme und Haftfestigkeit, Bd. 51, Nr. 885–894, S. 1, 1964.

[22] FOWKES, F. M., 66th Annual Meeting, American Soc. f. Test. and Materials, 1963.

[23] UMSTÄTTER, H., Einführung in die Viskosimetrie und Rheometrie. Springer 1952.

[24] REINER, M., Rheologie in elementarer Darstellung. Carl Hanser, 1968.

[25] NEFF, H., Grundlagen und Anwendung der Röntgenfeinstrukturanalyse. R. Oldenbourg, München, 1962.

[26] KIEMLE, H., und D. RÖSS, Einführung in die Technik der Holographie. Akad. Verlagsges. Frankfurt/M., 1969.

[27] BÜTTNER, JOST, Dissertation. TU-Berlin, 1969.

[28] KABAKER, G., Motor Rundschau. (1969) 15, S. 706.

[29] BATEL, W., Einführung in die Korngrößenmeßtechnik. Springer, 1960.

[30] LANGEMANN, H., Chem. Ing. Technik, 27 (1955) 1, S. 27.

[31] CHOPPIN, G. R., Chemie in unserer Zeit. 1 (1967), S. 101.

[32] PENNYCUICK, S. W., J. Phys. Chem. 32 (1928), S. 1681.

[33] BERNAL, J. D., und R. H. FOWLER, J. Chem. Phys. 1 (1933), S. 515.

[34] MORGAN, J., und B. E. WARREN, J. Chem. Phys. 6 (1938), S. 666.

[35] KRAUS, H. L., Nat. wiss. Rundschau 14 (1961) 5, S. 176.

[36] SAMEC, M., Die Rohstoffe des Pflanzenreichs. Stärke, Verl. J. Cramer, 1966, S. 75.

[37] TSCHAKERT, H. E., Tenside 3 (1966), S. 7.

# Abbildungsanhang

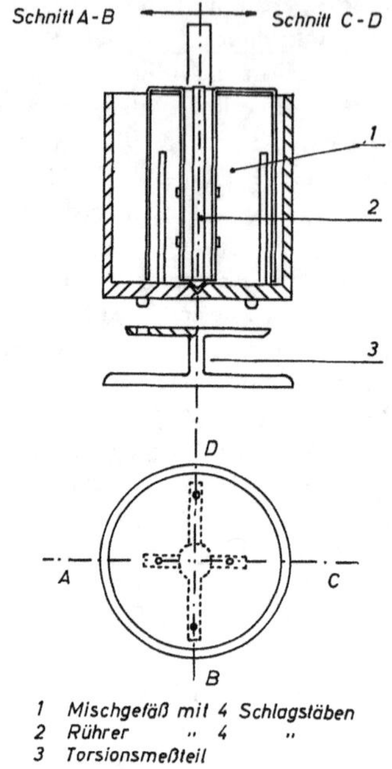



Abb. 1   Schemaskizze der Mischwiderstandsmeßanordnung

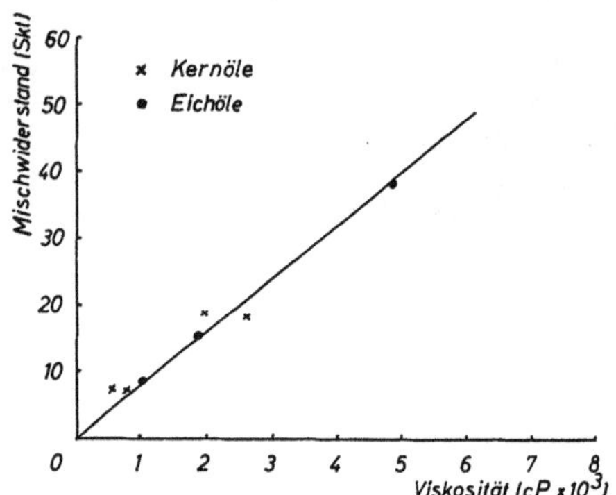



Abb. 2   Abhängigkeit des Mischwiderstandes
         von der Viskosität bei Verwendung
         des Gerätes nach Abb. 1 als Viskosimeter

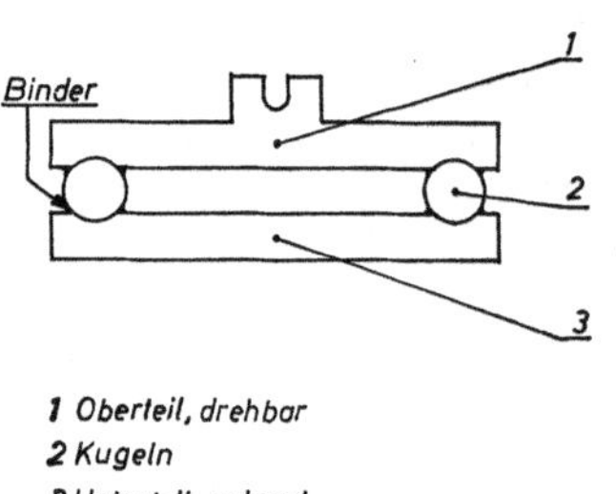



Abb. 3   Schemaskizze der
         Klebrigkeitsmeßanordnung

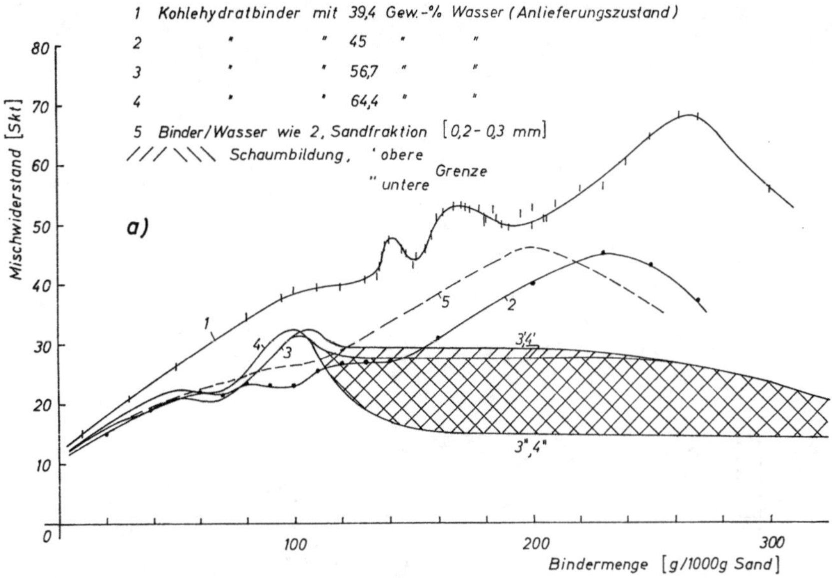


Abb. 4a   Abhängigkeit des Mischwiderstandes einer Sand–Kohlehydratbinder-Mischung
von der Binderzugabe und von der Verdünnung

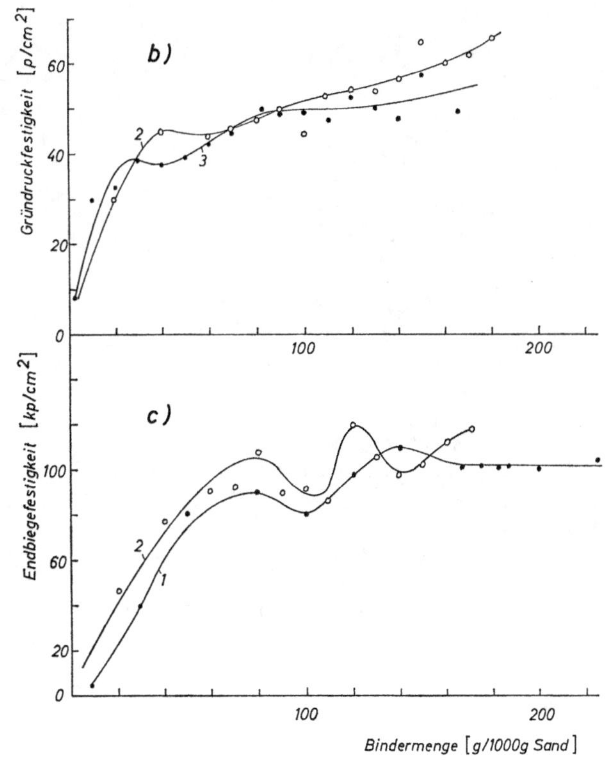


Abb. 4b, c   Abhängigkeit der Gründruck- und der Endbiegefestigkeit
einer Sand–Kohlehydratbinder-Mischung von der Binderzugabe
und von der Verdünnung

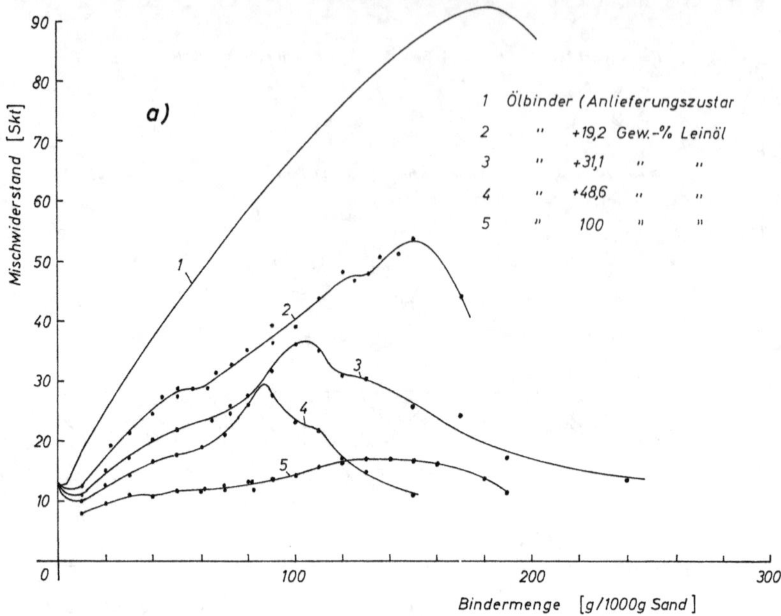



Abb. 5a   Abhängigkeit des Mischwiderstandes einer Sand–Ölbinder-Mischung
von der Binderzugabe und von der Verdünnung mit Leinöl

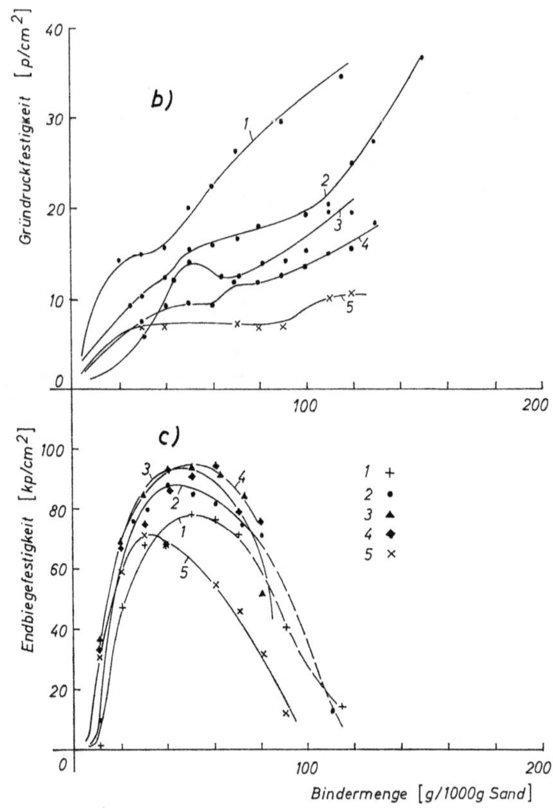



Abb. 5b, c   Abhängigkeit der Gründruck- und der Endbiegefestigkeit
einer Sand–Ölbinder-Mischung von der Binderzugabe
und von der Verdünnung mit Leinöl

20

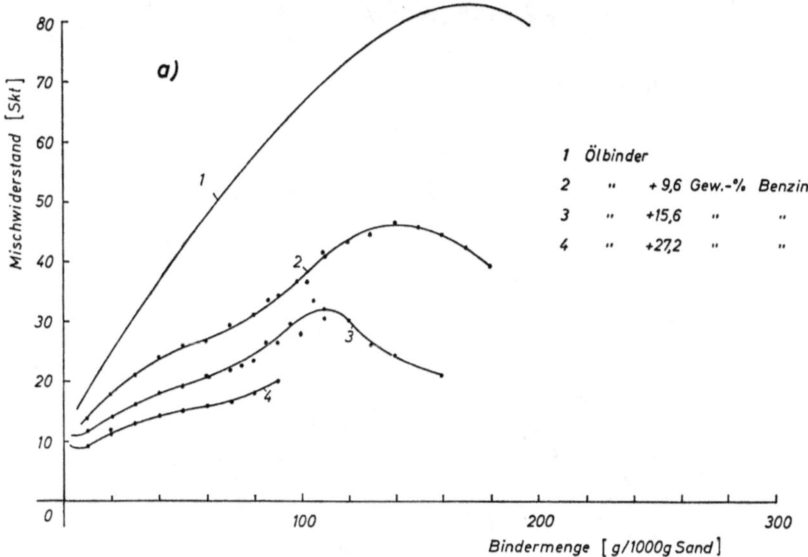



Abb. 6a   Abhängigkeit des Mischwiderstandes einer Sand–Ölbinder-Mischung
von der Binderzugabe und von der Verdünnung mit Benzin

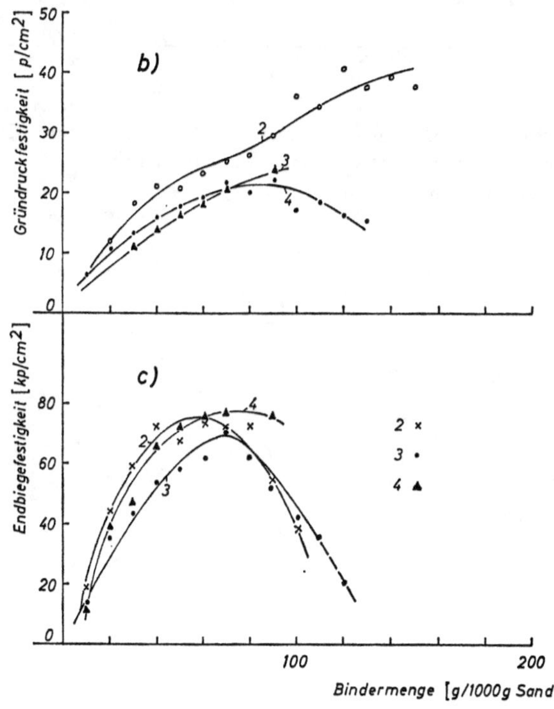



Abb. 6b, c   Abhängigkeit von der Gründruck- und der Endbiegefestigkeit
einer Sand–Ölbinder-Mischung von der Binderzugabe
und von der Verdünnung mit Benzin

21

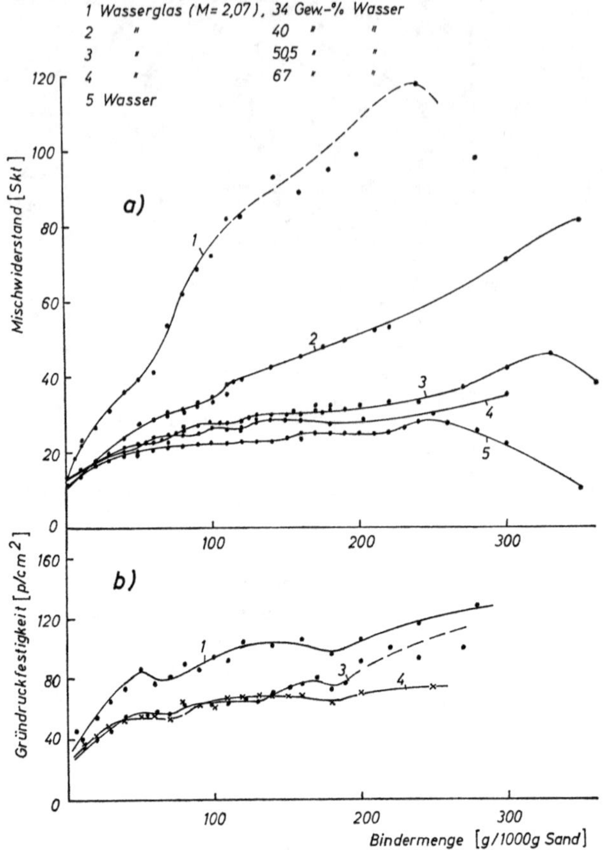



Abb. 7a, b   Abhängigkeit des Mischwiderstandes und der Gründruckfestigkeit
einer Sand–Wasserglas-Mischung von der Binderzugabe
und von der Verdünnung mit Wasser

22

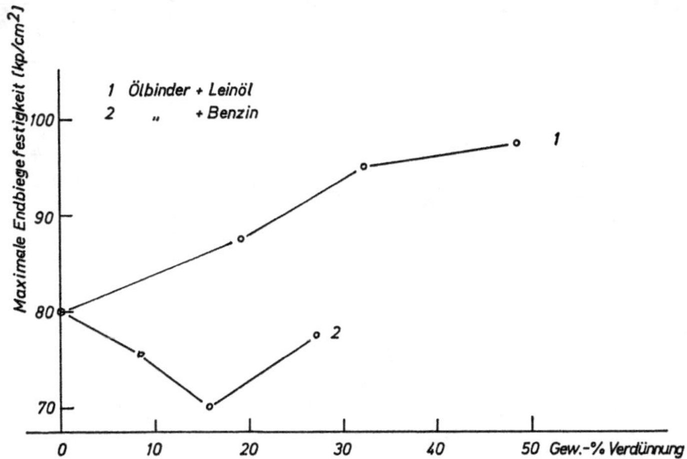



Abb. 8   Tendenz des Endbiegefestigkeitsverlaufs von Ölbinder–Sand-Mischungen
nach Verdünnung mit Leinöl bzw. Benzin

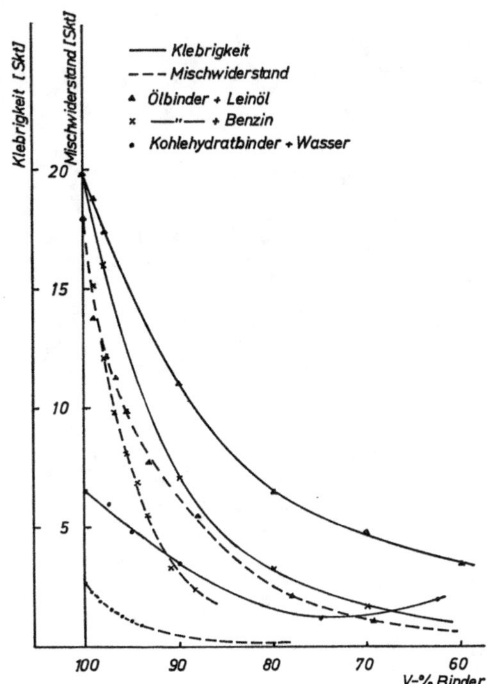



Abb. 9   Abhängigkeit des Viskositäts- und Klebrigkeitsverhaltens eines Öl- und eines
Kohlehydratbinders von der Verdünnung mit Leinöl und Benzin bzw. mit Wasser

# Forschungsberichte
## des Landes Nordrhein-Westfalen
Herausgegeben im Auftrage des Ministerpräsidenten Heinz Kühn
vom Minister für Wissenschaft und Forschung Johannes Rau

## Sachgruppenverzeichnis

GPSR Compliance
The European Union's (EU) General Product Safety Regulation (GPSR) is a set
of rules that requires consumer products to be safe and our obligations to
ensure this.

If you have any concerns about our products, you can contact us on

ProductSafety@springernature.com

In case Publisher is established outside the EU, the EU authorized
representative is:

Springer Nature Customer Service Center GmbH
Europaplatz 3
69115 Heidelberg, Germany